# BIG IDEAS
# 超级脑洞

## 动物也疯狂

〔英〕马克·鲍威尔 〔英〕威廉·波特 著
〔加〕卢克·赛甘－马吉 绘 唐子涵 译

云南出版集团 晨光出版社

**图书在版编目（CIP）数据**

动物也疯狂 /（英）马克·鲍威尔，（英）威廉·波特著；（加）卢克·赛甘－马吉绘；唐子涵译 . — 昆明：晨光出版社，2023.5

（超级脑洞）

ISBN 978-7-5715-1588-1

Ⅰ.①动… Ⅱ.①马… ②威… ③卢… ④唐… Ⅲ.①动物－儿童读物 Ⅳ.① Q95-49

中国版本图书馆 CIP 数据核字（2022）第 110702 号

著作权合同登记号 图字：23-2022-026 号

CHAOJI NAODONG
DONGWU YE FENGKUANG

BIG IDEAS

**超级脑洞**
**动物也疯狂**

〔英〕马克·鲍威尔 〔英〕威廉·波特 著
〔加〕卢克·赛甘－马吉 绘 唐子涵 译

| | |
|---|---|
| **出 版 人** | 杨旭恒 |
| **项目策划** | 禹田文化 |
| **执行策划** | 孙淑婧 韩青宁 |
| **责任编辑** | 李 政 |
| **版权编辑** | 张静怡 |
| **项目编辑** | 徐馨如 张文燕 |
| **装帧设计** | 张 然 |
| **出 版** | 云南出版集团 晨光出版社 |
| **地 址** | 昆明市环城西路 609 号新闻出版大楼 |
| **邮 编** | 650034 |
| **发行电话** | （010）88356856 88356858 |
| **印 刷** | 华睿林（天津）印刷有限公司 |
| **经 销** | 各地新华书店 |
| **版 次** | 2023 年 5 月第 1 版 |
| **印 次** | 2023 年 5 月第 1 次印刷 |
| **开 本** | 145mm×210mm 32 开 |
| **印 张** | 4 |
| **ISBN** | 978-7-5715-1588-1 |
| **字 数** | 67 千 |
| **定 价** | 25.00 元 |

退换声明：若有印刷质量问题，请及时和销售部门（010-88356856）联系退换。

# 目录

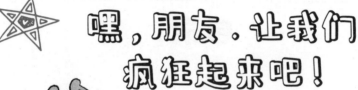

# 嘿，朋友，让我们疯狂起来吧！

你对自然界的奇观感兴趣吗？你喜欢一切毛茸茸的、带羽毛的、长鳞片的、或大或小的动物吗？

如果你感兴趣的话，请做好准备，翻开这本书，接下来你可能会被数百个关于动物的真相惊掉下巴！

毒牙、利爪、可怕的"美味"、寄生虫，还有很多很多凶残的动物，它们都在这里。

# 疯狂的动物

## 老鼠的生命力有多顽强？

老鼠的生命力非常顽强，有的老鼠即使从 5 层楼摔下去，都可以毫发无伤。

### 你知道吗？

老鼠的牙齿非常坚硬，它们可以咬穿木头，甚至金属。如果你家出现了老鼠，要尽早消灭掉它们哦！

## 老鼠的牙齿能长多长？

老鼠的牙齿可以一直生长。如果它们不咀嚼，牙齿不经常磨损，它们的牙齿最终可能会长到几十厘米，嘴巴也因此难以闭合。

## 老鼠会游泳吗？

老鼠不仅会游泳，还是游泳高手。它们以脚划水，在水中的耐力还很好。

## 什么是"鼠王"现象？

"鼠王"现象很少见，即多只老鼠的尾巴紧紧缠绕在一起，而这些老鼠也将共同生长。

## 老鼠的繁殖速度有多快？

一对老鼠一年繁育出的子孙能有成千上万只！

## 吸血蝙蝠每天能吸多少血？

吸血蝙蝠每天能吸食相当于自身体重一半的血量。

### 什么是果蝠？

果蝠是蝙蝠的一种，与吸血蝙蝠不同的是，它们以果实和花蕊中的汁液为食，这也是它们名字的由来。

### 你知道吗？

吸血蝙蝠与关系亲密的同伴之间经常会有"互惠行为"，即当同伴因生病等原因无法出去觅食的时候，吸血蝙蝠便会将自己吸入的部分血液吐出，以供无法觅食的同伴食用。

## 蝙蝠吃昆虫吗？

不同种类的蝙蝠食性不同，有的蝙蝠以捕食昆虫为生。据研究，一只蝙蝠一晚上能吃掉约 3000 只昆虫。

### 你知道吗？

非洲西部有一种小彩蝠，它们生活在大型蜘蛛网中。

### 蝙蝠屎有什么用？

美国得克萨斯州的布雷肯洞穴是 2000 万只蝙蝠的家。洞穴地面上落了厚厚一层蝙蝠粪便，当地人把这些粪便收集起来作为肥料，这些肥料被农民视为优质肥呢。

## 变色龙的"变色"有什么作用？

变色龙的皮肤中含有许多色素细胞，使它们可以根据环境改变自身的颜色。这种"变色"的本领一来有助于隐藏自己，躲避敌人的搜捕，二来有利于捕捉猎物。

### 你知道吗？

变色龙可以同时看向两个方向，因为它们的两个眼球可以分别转动。

### 变色龙如何捕食昆虫？

变色龙长有一条超级长的舌头，它们可以极快速地将自己的舌头射出，粘住昆虫。

## 鳄鱼有多少颗牙齿？

鳄鱼有 60~80 颗牙齿，且它们的牙齿脱落下来后能够很快长出新的牙齿。

你知道吗？

鳄鱼无法将舌头伸到嘴巴外面。

## 鳄鱼怎么吃东西？

鳄鱼无法咀嚼食物。所以，它们在抓住猎物后，会扭动身体以撕下猎物身上大块的肉。

## 大象有多少颗牙？

　　大象共有 4 颗功能性的牙齿（不包括伸出口腔外的两根长象牙）。在大象的一生中，一共会换 6 次牙，累计 24 颗，新牙会在不同阶段去替换磨损掉的牙齿。

### 大象的鼻子有多灵巧？

　　除了能用鼻子把树连根拔起，大象还能用鼻子完成一些较细微的事，比如拾起地上的细木枝等。

### 你知道吗？

　　非洲象不论雌雄都长有突出的两根长象牙，但在亚洲象中则只有雄性长有长牙。

## 大象用鼻子吸水会呛水吗？

虽然大象的鼻子与气管相连，但它们用鼻子吸水时不会呛水。这是因为它们的鼻子与气管连接处长有一块软骨，当大象吸水时，软骨就像盖子一样将气管盖住了，所以不会呛水。

### 你知道吗？

1916 年，在美国田纳西州欧文镇，一头大象因"谋杀罪"被判刑。

### 大象能跳跃吗？

大象不能跳跃！它们的四条腿不能同时离开地面。

## 青蛙的跳跃能力怎么样？

青蛙的后肢肌肉很发达，它们向前跳跃时，会先收缩后肢肌肉，依靠短时间产生的弹力向前猛然一跃，最远甚至可以跳到几米之外。

## 青蛙的皮肤为什么总是黏的？

青蛙皮肤上的分泌腺会不断地分泌液体，这些液体覆盖在青蛙身上，可以避免青蛙的皮肤被阳光灼伤。

## 你知道吗？

雨蛙之所以能生活在树上，是因为其脚下长有一种"吸盘"，可以使其牢牢地吸附在树枝上。

## 麋鹿为什么又叫"四不像"?

因为麋鹿的长相非常特殊，它们的角像鹿、面部像马、蹄子像牛、尾巴像驴，所以有了"四不像"的绰号。

### 你知道吗?

鹿角每年都会自动脱落更换成新的，而牛角则不会。

## 牛对鲜艳的颜色很敏感吗?

我们经常在电视上会看到一些斗牛表演，斗牛者用的都是红色等颜色鲜艳的布在牛面前晃。但其实，牛是"色盲"，根本不会辨别颜色。它们之所以表现得很兴奋，是因为把晃来晃去的布当作了敌人。

## 北极熊是如何找到食物的?

北极熊具有极其灵敏的嗅觉,能凭嗅觉准确判断几公里外猎物的位置。

### 你知道吗?

北极熊的肝脏含有大量的维生素 A,人如果吃了可是会致命的。因为过量的维生素 A 会降低细胞膜的稳定性,进而引起身体各组织的病变,摄入极大剂量还可能导致急性中毒,甚至有致命的危险。

## 北极熊以什么为食?

北极熊的牙和爪子都很尖利,以便捕捉海豹、鱼类、鸟类等动物为食。

## 北极熊的毛是白色的吗？

不是，北极熊的毛是透明的，而毛下的皮肤其实是黑色的！

## 你知道吗？

北极熊的身体几乎不泄露热量，所以红外相机几乎无法探测到它们。

## 北极熊为什么不怕冷？

北极熊身上长着两层厚厚的毛——针毛层和绒毛层，有很好的挡风保暖效果。此外，它们本身拥有很高的脂肪含量，能够很好地抵御寒冷。

## 北极熊冬眠吗？

北极熊会冬眠，但并不会像蛇一样睡一整个冬天。且在冬眠时间里，它们虽然可以不吃不喝沉睡着，但是一旦遇到紧急情况便会立即惊醒。

## 世界上最大的蜥蜴是哪一种？

世界上最大的蜥蜴是科莫多巨蜥。它们可长到近 3 米长、100 千克重，目前所测得的该品种最重的重量纪录为 166 千克。

## 吉拉毒蜥的咬合力量有多强？

它们的咬合力量极强，一旦被吉拉毒蜥（一种大型的有毒蜥蜴）咬住，就很难摆脱掉。

## 世界上行动速度最快的蜥蜴是哪一种？

世界上行动速度最快的蜥蜴是黑刺尾鬣蜥，它们的移动速度可达每小时 34.9 千米。

穿山甲是白蚁的克星。一只成年穿山甲一天可吃掉数万只白蚁。穿山甲减少了白蚁带给山林的很多侵害，被称为"森林卫士"。

## 负鼠是怎么装死的？

负鼠如果感受到威胁就会"装死"。它们会一动不动地躺着，伸出舌头，排泄出有臭味的黏液，使自己闻起来像腐烂的肉一样。

## 狐獴为什么不怕蝎子？

狐獴对许多致命的毒液免疫，所以它们可以吃蝎子，包括蝎子尾部的毒针。

## 蟒蛇的胃口有多大？

一条成年蟒蛇能吞下一整头猪。

**你知道吗？**

蟒蛇可以数月不吃东西。

## 蟒蛇为什么能吞下身形很大的猎物？

蟒蛇之所以能吞食比自己大好几倍的猎物，是因为其独特的上下颌结构。它们的上下颌由韧带相连接，因此可以分开很大，以便让身形很大的猎物通过咽喉。

## 眼镜王蛇的毒液有多危险？

眼镜王蛇的毒液毒性极强，就算只是一小块裸露的皮肤沾上毒液，也可能使人昏迷。

### 你知道吗？

蛇将它分叉的舌头吐出来是在搜集空气中的气味信息。

## 响尾蛇的尾巴为什么会发出声响？

响尾蛇的尾巴是由一节节类似葫芦一样的结构组成，这种结构叫响环。当响尾蛇摇动尾巴时，这些响环会相互碰撞，发出声音，再加上它的尾巴内部有许多中空的腔体，这些腔体不仅能够像回音谷一样传递声音，还可以增加声音频率。

## "四脚蛇"是蛇吗?

我们通常说的"四脚蛇"是指蜥蜴科的动物,它们的形体和蛇相像,全身长有鳞片,但不同的是它们长有四肢。

## 真的有鸭嘴兽这种动物吗?

是的,不过它们的长相实在是太奇特了,伦敦大英博物馆的工作人员在第一次看到送来的鸭嘴兽标本时,曾认为那是一只假的动物,并试图扯下它的嘴。

## 你知道吗?

豪猪遇到敌人时会转过身去,把身上的棘刺对准敌人,后退着冲过去。

## 猴子和猿有什么不同？

两者最大的区别就是猴子长有一条长长的尾巴，而猿没有尾巴。

### 你知道吗？

指猴的手与人类相似，但是长有较长且细瘦的中指。

## 眼镜猴戴"眼镜"吗？

眼镜猴（一种小型灵长类动物）并不是真的戴眼镜，只是它体形小，眼睛却非常大，看起来就像戴了眼镜一样，因此得名。

## 猫为什么不会"狮吼"？

虽然同属猫科动物，但猫却不能发出狮子一样的吼叫声。这是因为猫的体形较小，所以发出的声音较尖细，它们的身体里没有那么大能量供它们发出震耳欲聋的吼叫声。

## 你知道吗？

猎豹是陆地上跑得最快的动物。

## 狮子的吼叫声有多大？

成年狮子的吼叫声非常大，甚至在8千米外的地方都能听见它们的吼声。

## 大型猫科动物能跳多高？

美洲狮和豹是世界上跳得最高的猫科动物，它们都能跳到约5米高。

# 树懒为什么看上去常常是绿色的？

因为树懒不爱运动，生活的环境又潮湿，以至于身上经常会长一层藻类，使它们看上去是绿色的。

## 你知道吗？

因为树懒行动缓慢，所以体力消耗特别少。它们即使一个月不吃东西也不会饿死。

## 有长三只眼睛的动物吗？

新西兰的一种大蜥蜴除了有两只正常的眼睛外，还有"第三只眼睛"长在头上。不过，多出来的这只眼睛并不能视物，其具体功能还不得而知。

## 蝾螈的再生能力有多强？

如果蝾螈的身体因受伤断肢了，受伤部位是可以再生的。它们不仅腿、手臂等肢体和尾巴可以再生，就连体内的器官也可以再生！

## 牛的反刍行为是指什么？

牛的反刍是指在进食一段时间后，它们会将半消化的食物从胃里返回嘴里再次咀嚼。

### 你知道吗？

人们经常喝牛奶而较少喝其他动物的奶，是因为牛是人类饲养的家畜中产奶最多的。牛的奶量丰富且营养价值高，又长期被人类驯养，久而久之，人类便养成了饮用牛奶的习惯。

## 水牛为什么喜欢在水里待着？

水牛的皮肤很厚，汗腺也不发达，所以只好把身体泡在水里，利用水来散发热量。

# 河马的危险性高吗？

河马的危险性极高，它们喜怒无常，攻击性极强。一旦其他动物进入了它们的领地，它们便会向这些入侵者发起攻击。如果人类不小心坐船靠近了它们，它们便会把船掀翻，用它们的血盆大口对人类展开攻击。

## 你知道吗？

早期的探险家认为长颈鹿是骆驼和豹杂交出的新物种，还给它们起名叫作"骆驼豹"！

## 松鼠的长尾巴有什么用？

松鼠那蓬松的长尾巴有很多用处：跳跃时，大大的尾巴悬在空中可以使其保持身体平衡；睡觉时，尾巴可以充当它们温暖的棉被，进行保暖。

## 吼猴的叫声为什么特别响？

吼猴之所以能发出巨大的吼声，是因为它们的喉咙里有块特殊的舌骨，形成了一种回音器式的构造。

## 鼹鼠的挖洞能力有多强？

一只成年的非洲鼹鼠，一天能挖近 20 米长的地道。

### 你知道吗？

犀牛总是喜欢将泥浆涂在身上，这是为了防止蚊虫的叮咬。

# 奇特的动物

## 你知道吗?

狗具有很强的领地意识, 一旦有陌生人进入它们的领地, 它们就会对其吠叫不止。

## 狗在夏天为什么总吐舌头?

狗的皮肤上没有汗腺, 只能靠吐舌头来散热。

## 为什么狗的鼻子总是湿润的?

狗的鼻子潮湿, 除了它的鼻子本身分泌的黏液使其湿润外, 还有狗经常用舌头舔舐鼻子的缘故。狗的鼻子保持湿润, 可以使其嗅觉更加灵敏。

# 猫为什么经常发出"呼噜呼噜"的声音？

猫发出"呼噜呼噜"的声音，其实是在表达自己愉悦和满足的心情。

105-3120A
人身伤害罪

## 你知道吗？

因为猫尿中含有大量的磷，所以用紫外线照射处于黑暗中的猫尿时，猫尿便会发光。

## 曾经有猫被逮捕过吗？

2006 年，美国康涅狄格州一只叫刘易斯的猫，因无故攻击当地居民而被警方抓捕。它甚至被安排在供被害人辨认的"嫌疑人"队伍中，等待被害人的指认。

## 仓鼠怎样搬运谷粒？

仓鼠搬运谷粒的方法很奇特：先把谷粒吞入口中，暂存在嘴旁的两个颊囊里，然后到了其储存粮食的地方，再把谷粒吐出来，储存起来。

### 你知道吗？

仓鼠大约要在自己的仓库里储存 10 千克的粮食，以解决漫长冬季里的温饱问题。

### 仓鼠都吃什么？

仓鼠为杂食性动物，主要以植物种子为食，兼食植物的嫩茎、叶和果实，偶尔也吃昆虫。

## 仓鼠可以在仓鼠轮上跑多远?

仓鼠是一种很需要运动的生物,仓鼠轮是供给仓鼠或其他啮齿目动物运动的装置。仓鼠甚至可以在一个仓鼠轮上跑8千米。

**你知道吗?**

大多数仓鼠每次眨眼时只眨一只眼睛。

## 什么鼠特别贪睡?

睡鼠因有贪睡的冬眠习性而得名。即使在不冬眠的夏天,它们也会终日呼呼大睡,直到夜间才出来活动。

## 老鼠的胆子真的很小吗?

老鼠的胆子真的很小,它们通常体形较小,几乎没有自卫能力,所以平常非常警觉和谨慎。周围只要有一点动静,它们就会立即逃窜躲避。

### 你知道吗?

刺猬除了腹部,其他部分都是刺,因此一旦遇到危险,它们就会蜷成一团,保护柔软的腹部。

### 刺猬有天敌吗?

刺猬的天敌之一是黄鼠狼。在刺猬把身体蜷起来后,黄鼠狼释放的臭气会将刺猬熏晕,然后刺猬的身体便会不由自主地展开了。

## 八哥为什么能学人说话？

八哥有一张灵巧的嘴，它们的舌头比一般鸟的舌头要灵活，且它们的喉咙里可以发出清晰的声调。除了八哥，鹦鹉学舌的能力也很强。这些鸟类经过人们的训练，都能模仿人类说出简单的词语。

## 哪种鹦鹉长有天然"腮红"？

有一种玄凤鹦鹉，羽毛为白色，头部与羽冠为黄色，两眼斜后侧的颊部各长有一块圆形橘红色斑点，看上去就像涂抹了腮红，具有很高的观赏价值。

### 你知道吗？

曾有一只虎皮鹦鹉因认识 1728 个单词而被载入吉尼斯世界纪录。

## 可以训练猫工作吗？

1879 年，曾有 37 只猫被雇来为比利时列日市的村庄送信。然而，这些猫很不守纪律，因此这项工作它们并没有持续太久就纷纷被解雇了。

### 猫的胡须有什么作用？

猫的胡须作用很大，不仅具有一定的导航功能，还能辅助猫来判断周围环境的危险性及作为尺子测量环境。

### 你知道吗？

每只猫的鼻纹都是独一无二的，就像人类的指纹一样。

## 猫一天会睡多久?

猫一天大约三分之二的时间都在睡觉。

## 猫必须吃肉吗?

是的,如果不给猫吃肉,它们是不能生存的。猫粮中也都含有比例很高的各种肉类。

### 你知道吗?

宠物食品制造商曾经研发过一种以老鼠为原料的猫粮,结果猫却不喜欢那种味道。

## 企鹅是鸟类吗？

是的，企鹅是一种因为翅膀退化而不会飞的鸟类，也是最擅长游泳的一种鸟类。

## 啄木鸟为什么被称为"森林医生"？

当确定树干内有害虫时，啄木鸟就会用尖尖的喙在树干上啄一个洞，用特殊的长舌头，把害虫钩出来。

## 鸵鸟为什么不会飞？

鸵鸟因长期在陆地上奔跑活动，适应了环境，身体变得笨重，翅膀也退化了，所以飞不起来了。

## 雪貂作为宠物饲养要满足什么条件？

雪貂若要作为宠物进入家庭饲养，必须要做除臭腺手术，去除臭腺可以防止其散发防御用的臭气。

### 刚出生的雪貂有多大？

刚出生的雪貂非常小，小到可以放进茶匙里。

### 你知道吗？

雪貂睡觉很沉，在睡梦中就算被人抱起来或者推来推去，它们也不会醒来。

## 有史以来最重的狗是哪只？

一只名叫佐尔巴的英国獒犬是有记录的最重的狗，它的体重为 150 千克左右，相当于两个成年男性的体重之和。

## 哪种猫成年后的体重最轻？

新加坡猫是体重最轻的品种，成年后的新加坡猫体重也不到 3 千克。

### 你知道吗？

猫的脚底长着厚厚的肉垫，使它们无论是行走还是跳跃都不会发出声音，这有利于它们捕食猎物。

## 兔子尾巴有什么特别之处?

兔子尾巴看起来特别短,所以兔子蓬松的尾巴在英文里有个专有名词叫作"scut"(短尾),而不是一般情况下用的"tail"(尾巴)。

## 兔子每胎可以生多少只小兔子?

兔子每胎一般可以生3~6只小兔子,最多时能产10只左右的小兔子。

## 你知道吗?

由于兔子的眼睛长在头部两侧,所以兔子的视野很宽阔,能敏锐地捕捉到周围发生的变化。

# 狗去过太空吗?

　　狗不仅去过太空，而且还是世界上第一个"宇航员"。这只狗的名字叫莱卡，原本是只流浪狗。1957 年，它被苏联政府成功送入太空。

## 还有其他动物"宇航员"吗?

　　莱卡成功进入太空后，鼓舞了世界各国的航天局。之后很多国家都实施了送动物入太空的计划，猴子、猫、老鼠等动物都进入过太空。

## 莱卡活下来了吗?

　　没有。因为当时技术所限，人类并未研究出从太空返回地球的办法，莱卡的太空之旅是有去无回的。

## 为什么英文里用"raining cats and dogs" 来表示"滂沱大雨"？

在 17 世纪的英国，因为当时城市的排水系统不完善，每次下大雨时，就会有许多流浪猫和流浪狗被淹死，它们的尸体就漂浮在街道上，之后"raining cats and dogs"渐渐便被用来表示"滂沱大雨"。

### 你知道吗？

在古埃及，杀死一只灵缇犬受到的惩罚和杀死一个人受到的惩罚是一样的。

### 最古老的家犬是哪种？

萨路基猎犬是最古老的家犬品种之一，它们的起源时间可以追溯到约公元前 3000 年（美索不达米亚文明时期）。

## 鱼的鳞片有什么作用?

鳞片是鱼的"盔甲",使鱼的身体没那么容易受到水中小虫及微生物的侵蚀。且鱼的鳞片很光滑,能够减轻鱼的身体与水的摩擦,使鱼游得更加轻松。

## 金鱼能活多久?

大部分金鱼能活5~10年,在良好的生存条件下,一些金鱼可以活15年甚至更久。

## 你知道吗?

在海洋里生活着一类鱼,它们在遇到危险时会以很快的速度冲出水面,展开两个像翅膀一样的胸鳍,在空中滑翔。这类鱼就是飞鱼。

## 狗可以跳伞吗？

现在有一种军犬——空降犬，它们可以跟着空军士兵一起完成高空跳伞任务。

## 狗为什么不能吃巧克力？

巧克力里面含有可可碱，可可碱对于狗来说是有毒的。

### 你知道吗？

狗的寿命一般为 10~15 年，活到 20 岁便是罕见的长寿了。

## 白兔的眼睛为什么是红色的?

白兔的眼球其实是无色的,我们看到的红色是其眼球内血液所呈现出的颜色。

## 小兔子身上有味道吗?

小兔子身上其实没有特殊的味道,只是其尿液会有一些难闻的气味,如果保持其生存环境的清洁,它们身上是不会有任何味道的。

## 兔子能活多久?

兔子一般能活 5~8 年,寿命较长的兔子可以活到 10 年以上。

## 猫在黑暗中能看见东西吗？

可以的。这是因为它们的视网膜前有一种反光物质，黑暗中微弱的光源投射到它们的视网膜后，又映射到这层反光膜上，接着再次反射到了视网膜上。从而让其视锥细胞和视杆细胞重新接受到了光源的刺激，使猫拥有了在黑暗中能轻松视物的能力。

你知道吗？

猫的下巴不能左右移动。

## 猫每天要睡多长时间？

猫每天要睡 14 个小时左右。猫能够很快入睡，但也会经常醒来，这是为了检查它们身处的环境是否安全。因此英文用"cat nap"来表示"打瞌睡"。

## 有人类吃豚鼠吗？

在秘鲁和玻利维亚，豚鼠是作为食物来饲养的，烤豚鼠肉一直是当地菜单上的一道美食。

### 你知道吗？

一只成年树袋熊每天能吃掉 500 克左右的桉树叶。

## 有狗成为富翁吗？

1931 年，纽约富人埃拉·温德尔去世，留下了 3000 万美元（约合人民币 2 亿元）的巨额财产给她心爱的宠物狗——托比！

## 狗的嗅觉有多好？

狗的嗅觉细胞数量约是人类的 30~40 倍，具有辨别各种气味的能力。且狗大多数情况下靠嗅觉识别、记忆事物，而不是视觉。

## 猫的嗅觉怎么样呢？

有研究表明，猫的嗅觉虽然不如狗，但也远超人类的嗅觉水平。

### 你知道吗？

猫不喜欢橘子和柠檬的气味。

## 猫的正常体温是多少?

猫的正常体温在 39 度左右。

## 猫为什么捉老鼠吃?

老鼠体内含有猫所必需的牛磺酸。如果缺乏牛磺酸，猫的视力则会下降。

**你知道吗?**

猫的寿命普遍在 15 年左右。

## 狗会做梦吗？

有研究表明，狗和人类一样，也会做梦。

**你知道吗？**

一只博美犬在泰坦尼克号沉船事故中得以幸存了下来。

## 狗能听懂人说话吗？

狗是不能听懂人类的语言的，不过经过训练，它们能逐渐理解主人简单的命令及意图，并形成记忆，之后根据主人的指令完成一些任务，这让人感觉它们仿佛听懂了人类的语言。

## 猫为什么经常舔自己的毛？

　　猫是非常爱干净的动物，它们经常舔自己的毛，其实是在清洁身体。

### 最重的猫有多重？

　　目前的吉尼斯世界纪录中所认证的世界上体重最重的猫，是一只来自俄罗斯名叫凯蒂的猫，它的体重现已重达 23 千克。

### 你知道吗？

　　猫的心跳速度是人的 2 倍。

## 腊肠犬的别名为什么叫"獾狗"？

腊肠犬的别名之所以叫"獾狗"，是因为人类最初饲养腊肠犬就是为了让其把獾从洞穴里赶出来。

### 你知道吗？

贵宾犬最初在欧洲是被当作猎犬使用的。

## 狗有多少种?

世界上大约有 1400 种狗,现存的狗有 400 多种。

## 会有人害怕猫吗?

虽然猫看起来温顺可爱,但是也具有一定的攻击性,所以会有一些人害怕猫。

你知道吗?

有些狗和猫,睡觉时也会打鼾。

带羽毛的
动物

## 秃鹰的力气有多大？

秃鹰，学名白头海雕，能用爪子携带 2~3 千克的食物飞行。

## 秃鹰真的是"秃头"吗？

不是的。秃鹰的头、脖子和尾巴上都有白色的羽毛，它们在英文中被称作"bald eagle"，但是其中的"bald"一词在这里其实并不是"光秃"的意思，而是来自古英语单词"balde"，古语的意思是"白色的"。

## 秃鹰会游泳吗？

秃鹰会游泳！它们的游泳姿势看上去很像蝶泳。

## 有以血为食的鸟吗?

有一种鸟叫吸血地雀,就是以其他鸟类的血液为食!

## 哪种鸟被人用来捕鱼?

渔民经常用一种鸟来捕鱼,它们的学名叫鸬鹚,俗称鱼鹰。鸬鹚是黑色的,喙上长有尖尖的钩。

## 世上存在有毒的鸟吗?

黑头林鵙鹟(jú wēng)就是一种有毒的鸟。它们吃某种特定的昆虫,而该类昆虫使它们的皮肤和羽毛变得有毒。

## 蜂鸟是蜂还是鸟？

蜂鸟是一种鸟，因飞行时两翅振动发出的嗡嗡声酷似蜜蜂而得名蜂鸟。

## 蜂鸟能走路吗？

不能。蜂鸟的腿又轻又细，只能起到承担自身重量的作用，不能用来走路。

### 你知道吗？

蜂鸟可以倒着飞。

## 蜂鸟蛋有多小？

蜂鸟蛋特别小，只有咖啡豆大小，你的大拇指就可以盖住 3 枚蜂鸟蛋。

## 红头美洲鹫以什么为食？

红头美洲鹫主要以动物的尸体为食，也吃腐烂的水果和蔬菜。

## 红头美洲鹫栖息在哪里？

红头美洲鹫非凡的适应能力使其能够在最极端的环境中生存，郊野、丛林及沙漠都能找到它们的身影。

### 你知道吗？

在美国，红头美洲鹫可以帮助人类探测地下破损的燃料管道。因为泄漏的燃料闻起来就像它们爱吃的腐肉，所以鸟群聚集在哪里，哪里的管道就需要维修。

## 企鹅多大会下海？

小企鹅直到三个月大后才会下海。

### 你知道吗？

帝企鹅的蛋像成人的手掌那么大，一颗差不多有 500 克重。

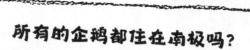

## 所有的企鹅都住在南极吗？

世界上目前一共有 18 种企鹅，全部分布在南半球，但并不是所有的企鹅都生活在南极寒冷的气候环境中。加拉帕戈斯企鹅就生活在赤道附近，那里温度高达 29℃。分布在南极地区的有 7 种企鹅，不过大多数企鹅还是畏惧南极的寒冷，在南极圈以内生活的只有帝企鹅和阿德利企鹅。

## 帝企鹅可以潜入水下多深？

帝企鹅一般可潜到水下 200 米左右，最深可达 500 多米。

## 白眉企鹅的粪便为什么是红色的？

白眉企鹅喜欢吃南极磷虾，磷虾是鲜红色的，所以它们的粪便通常是红色的。

## 你知道吗？

潜水时，白眉企鹅能憋气的时间很短，很少能超过 2 分钟，而帝企鹅能憋气长达 30 分钟左右呢。

# 什么是"留鸟"和"候鸟"?

鸟类根据迁徙方式的不同分为"留鸟"和"候鸟"两大类。留鸟指终年生活在同一地域内的鸟，而候鸟指定期沿着相对稳定的路线，在繁殖地和越冬地之间进行远距离迁徙的一类鸟。

## 你知道吗?

信天翁的翅膀伸展开有两米多长，为海鸟之最，被称为"空中巨无霸"。不过又因其脚很短，在陆地上行动很笨拙，所以又被称为"笨鸥"。

## 知更鸟吃什么?

知更鸟主要捕食甲虫、苍蝇、蜗牛、象鼻虫、蜘蛛等生物，是农业上的益鸟。

## 猫头鹰的脖子有多灵活？

猫头鹰的眼睛不能够转动，但是它们有一个十分灵活的脖子。猫头鹰的脖子能够旋转 270 度，以便于它们能更快且全面地侦查周围环境。

### 你知道吗？

猫头鹰视觉敏锐，在夜晚的能见度高出人类百倍。

## 什么是猫头鹰的"食丸"？

猫头鹰不会咀嚼，而是整个吞下食物（主要是老鼠和田鼠）。食物中它们不能消化的部分，如毛皮和骨头，就会混合成小的丸状物，然后被吐出来——这便是"食丸"。

## 鸟的羽毛有什么作用？

鸟的羽毛有多重作用，除了保暖、防雨，还有辅助飞翔的作用。

**你知道吗？**

鸽子的羽毛比它们的骨头还重！

## 世界上羽毛最长的鸟类是哪种？

世界上羽毛最长的鸟类是长尾鸡，有些长尾鸡的尾羽可长达 10 多米。

## 鸭子为什么成群睡觉？

鸭子会成群地聚在一起睡觉，是因为那些睡在外圈的鸭子会睁着一只眼睛放哨，戒备掠食者。

### 为什么冬天时鸭子的脚不会被冻僵？

鸭子的脚掌本身温度就很低，所以当它们在冰冷的水中游泳时是不会感觉到寒冷的。

## 棕胁秋沙鸭的雏鸭如何保证自己的安全？

生活在北美地区的棕胁秋沙鸭的雏鸭在水中时会聚集在一起，形成一个紧密的群体来保护自己免受捕食者的伤害。而且在鸭群上空飞翔的鹰看来，这些雏鸭凑在一起就像一只会游泳的大型啮齿动物，它们不敢靠近。

## 鸟类都会飞吗？

不是的，世界上最常见的鸟类之———鸡，就不会飞。

## 鸭子走路为什么一摇一摆的？

鸭子的腿很短，脚又太靠近身体，所以必须把身体往后仰，才能够保持平衡，不会摔倒。要维持这样的姿势走路，就只能摇摇摆摆地走了。

### 你知道吗？

鸡没有牙齿，不能咀嚼食物，所以它们会经常啄食一些沙子，帮助研磨食物，以利于消化。

## 为什么鸡不会游泳？

鸭子和鹅的脚上都长有一层跟皮肤连在一起的蹼，游泳时可用来划水，而鸡没有，所以鸡无法游泳。

### 你知道吗？

一枚鸡蛋里面可能有不止一个蛋黄。

## 为什么说燕子能预报天气？

民间谚语称：燕子飞得很低的时候，可能是快要下雨了。这是因为下雨前，空气中的湿度大，气压很低，昆虫们都会在低空飞行，而这正是燕子捕食的好机会。为了捕到更多的食物，燕子们也会飞得很低。

## 鹦鹉能听懂人话吗?

鹦鹉是听不懂人话的。它们的大脑不像人脑一样发达，大脑的功能也没有人类大脑的强大，并不能理解人类的语言。它们学人说话，只是一种单纯的声音模仿，并不能理解话的意思。

### 你知道吗?

鹦鹉有上百个品种，包括华贵高雅的紫蓝金刚鹦鹉、全身洁白的葵花凤头鹦鹉、小巧玲珑的虎皮鹦鹉和牡丹鹦鹉等等。

## 鹦鹉能活多久?

常见的中小型鹦鹉一般能活五到十年左右，在适宜生存环境中的鹦鹉寿命可达 50 年以上。

## 雪海燕像雪一样洁白吗？

没错，雪海燕是一种生活在南极地区的鸟，它通体洁白无瑕，只爪子、喙和眼珠是黑色的。不过雪海燕宝宝的身上却长有灰蒙蒙的绒毛，看起来更像是贼鸥的孩子。

## 个头大的巨海燕很凶悍吗？

恰恰相反，体形巨大的巨海燕胆子非常小。它们听觉灵敏，听到一点异动，就会飞远。

## 鸟能在空中睡觉吗？

有些鸟可以在空中睡觉，像雨燕、信天翁这样几乎全天都飞在空中的鸟，都是可以一边飞行一边睡觉的，这样才可以让大脑得到休息。

## 哪种鸟年飞行距离最远？

北极燕鸥每年都在进行全球最长距离的迁徙，迁徙的路程超过 4 万千米。当北半球是夏天时，它们在北极繁殖，当南半球是夏天时，它们在南极觅食。

## 什么是吸蜜鹦鹉？

吸蜜鹦鹉得名于它们的食性，它们主要以花粉、花蜜、果实为食，大多羽毛鲜艳。它们为了能够适应环境，喙与舌头进化得比一般鹦鹉要长，这便于它们深入花朵中获取食物。

## 世界上最小的鸟是哪种鸟？

蜂鸟是世界上最小的鸟。

## 为什么都说鸵鸟很笨？

鸵鸟的胆子很小，它们遇到危险就会将自己的头埋进沙子里，此举无异于掩耳盗铃，所以人们常常认为鸵鸟很笨。

## 鸵鸟的翅膀有什么作用？

鸵鸟不会飞，它们的翅膀虽然不能用于飞翔，但是却能帮助它们在极速奔跑或者转弯时保持身体平衡。

### 你知道吗？

鸵鸟蛋颜色与鸭蛋类似，重达 1~2 千克，是鸟蛋中最大的，而且蛋壳坚硬，可承受住一个人的重量。

## 天鹅能飞多高?

　　天鹅是世界上飞得最高的鸟类之一,飞行高度可达9千米,所以对它们来说飞越世界最高山峰——珠穆朗玛峰也不是什么难事。

## 天鹅肉曾经被作为食物吗?

　　是的,在中世纪的欧美国家,天鹅肉是当时一种极其重要的食物,被做成美味佳肴,端上富人的餐桌。

## 你知道吗?

　　英国开放水域内的不带归属标记的疣(yóu)鼻天鹅都属于英国君主。

## 游隼的视力有多敏锐？

游隼可以看清 1 千米以外的猎物。

## 游隼能飞多快？

游隼的俯冲时速最快可以超过 300 千米。

### 你知道吗？

游隼是阿拉伯联合酋长国的国鸟。

## 火烈鸟的名字从何而来？

火烈鸟全身的羽毛主要为红色，且有着闪亮的光泽，远远看去，就像一团正在燃烧的烈火，因此得名火烈鸟。

## 火烈鸟为什么是红色的？

火烈鸟之所以是红色的，是因为它们喜欢吃盐水虾、浮游生物以及蓝绿藻的缘故，这些食物富含虾青素，使火烈鸟原本洁白的羽毛透出鲜艳的红色。

### 你知道吗？

由于拥有细长且弯曲向下的镰刀形的嘴，火烈鸟只能头朝下吃东西。

## 鸽子为什么能从很远的地方回到家里?

鸽子具有归巢属性,拥有从远方返回栖息地的能力。对于鸽子认路的原因,目前研究说法不一,普遍认为鸽子可能是通过地球磁场、地标或者太阳等辨别方向。

## 巨嘴鸟的嘴有多大?

巨嘴鸟的嘴长 17 ~ 24 厘米,宽 5 ~ 9 厘米,非常大也非常漂亮。

## 琴鸟名字的由来是什么?

雄性琴鸟的尾巴十分华美,因其尾巴在展开时的形状很像乐器竖琴,所以得名琴鸟。

## 鸟会出汗吗?

鸟类没有汗腺,所以不会出汗,它们通常通过气囊和呼吸来降温。

## 大雁能飞多高?

一架大型喷气式飞机的巡航高度约为 8~12 千米,而大雁可以在距离地面约 8 千米的高空飞行。

## 大雁在迁徙时为什么总是排成"一"字形或"人"字形?

大雁排成"一"字形或"人"字形飞行,是因为飞在前面的大雁,一般是很有力量和经验的,头雁扇动翅膀,带动气流,中间年幼或年老的大雁飞起来就会很轻松,整个队伍就不必休息很多次。

## 伯劳鸟为什么又叫"屠夫鸟"？

伯劳鸟有个外号叫"屠夫鸟"，因为它们生性凶猛，经常把猎物穿在尖状物上，以防止在进食时猎物挣扎乱动。

### 你知道吗？

杜鹃总是把蛋产在其他鸟的窝里，让别的鸟替自己孵化和养育孩子。

### 缝纫鸟是怎么得名的？

缝纫鸟因其高超的筑巢技术而得名。它们的巢就像一盏盏精致的小灯笼悬挂在树上。随着缝纫鸟年纪变大，它们的筑巢技术还会越来越高。

## "食火鸡"是鸡吗？

"食火鸡"不是鸡，而是一种鸟，学名叫鹤鸵。鹤鸵是世界第三大鸟，体形仅次于鸵鸟和鸸鹋。

**你知道吗？**

蓝孔雀是印度的国鸟。

## 鹈鹕嘴下的"大口袋"是做什么用的？

鹈鹕尖尖的长嘴下长着一个"大口袋"，这个口袋是它们贮存食物用的，而且这个口袋就像一个大渔网一样，能伸能缩。

# 恐怖的动物

## 地球上有多少种昆虫？

目前人类已知地球上昆虫种类约有 100 万种。

### 昆虫以什么为食？

昆虫的食性多样，有植食性、肉食性、杂食性，还有腐食性和吸血性。

### 你知道吗？

昆虫的身体分为头、胸、腹三部分，成虫通常有 2 对翅和 6 条腿。

## 蟑螂有同类相食的现象吗？

蟑螂耐饥而不耐渴，当它们处于恶劣的环境条件，无食又无水时，蟑螂间会发生互相残食的现象，一般是大吃小、强吃弱。

### 你知道吗？

吸食了发酵水果汁的胡蜂偶尔会醉酒并昏倒。

## 沙漠蛛蜂是蜘蛛吗？

不是！沙漠蛛蜂实际上是胡蜂的一种。沙漠蛛蜂习惯独来独往，会用自身产生的毒素麻痹比自己体形还大的狼蛛，然后让自己的幼虫吃掉狼蛛。

## 黑寡妇蜘蛛有多危险？

黑寡妇蜘蛛的毒性是响尾蛇毒性的约 15 倍，且雌性黑寡妇蜘蛛在交配后会吃掉自己的配偶。

**你知道吗？**

狼蛛不会结网。

## 食鸟蛛如何捕食猎物？

食鸟蛛是自然界中最巧妙的猎手之一，有喷丝织网的独特本领，它们可以在树枝间编织具有很强黏性的网，一旦小鸟、青蛙、蜥蜴或其他昆虫落入网中，必定成为它们的口中之食。它们一般多在夜间活动，白天会隐藏在网附近的巢穴或树根间，当有猎物落网时，它们就迅速爬过去，抓住猎物，然后分泌毒液将猎物毒死作为食物。

## 蜘蛛是如何织网的呢？

蜘蛛体内有一种腺体可以分泌特殊的无色黏液，这种黏液从它们的腹部排出，遇到空气就凝成蛛丝。蜘蛛用吐出的丝结成不同形状的网，一般是从网的中心向外盘旋，一圈一圈地往外织，最后多织成一张圆网。

### 你知道吗？

雌性黑寡妇蜘蛛的体形约为雄性蜘蛛的 4 倍大。

### 世界上有多少种蜘蛛？

世界上大约有 4 万多种蜘蛛，迄今为止发现的食鸟蛛就有约千种。

## 为什么水蛭咬人不疼？

这是因为水蛭在咬人之前会分泌一种天然的"止痛药"，起到麻醉的作用，麻醉后人就不会感到痛了。

### 你知道吗？

迄今为止，生物学家们已经发现了大约900种蜱。

### 被蜱叮咬后该如何处理？

发现被蜱叮咬后，千万不要自行用手拔除，以免蜱的口器断裂，留在皮肤内。应该尽快去往医院，由专业的医生进行处理。

## 谁是毛毛虫中的模仿高手?

凤蝶毛虫是模仿高手,它们的头上长有两个巨大的似眼睛的斑点,这使它们可以成功模仿蛇的样子,以吓退捕食者。

## 毛毛虫有毒吗?

有的毛毛虫没毒,有的毛毛虫则毒性惊人,甚至可以致人死亡。

## 你知道吗?

蚜虫的繁殖力很强,雌性蚜虫一生下来就能够生育,而且雌性蚜虫不需要雄性就可以怀孕,即进行孤雌繁殖。

# 行军蚁是如何进行捕食的?

　　和普通蚂蚁不同的是，行军蚁不会筑巢，它们总是在不断地移动，在路上寻找猎物。这种蚂蚁拥有强壮的颚，咬力比一般的蚂蚁强得多，在捕食时，它们会形成不同的进攻小组协同作战，就像拥有强力武装的军人，所以才得名行军蚁。

## 你知道吗?

　　澳大利亚的斗牛犬蚁可以在 15 分钟内杀死一个人，它们会用强有力的下颚紧紧咬住人的皮肤，然后反复蜇刺。

## 蚂蚁能扛起多重的物体?

　　蚂蚁能扛起比自己体重重 100 倍的物体。

## 世界上有多少种蚂蚁？

蚂蚁的种类繁多，已知世界上目前有 1 万多种蚂蚁。

## 织工蚁是如何筑巢的？

织工蚁们筑巢时，会排成一排，用它们的下颚把附近的树叶拽到一起。它们还会把自己的幼虫叼过来，通过触碰幼虫让其吐丝，最后它们用这些丝把巢穴"缝合"起来。

### 你知道吗？

在恐龙生存的时代，蚂蚁、白蚁、蚱蜢和胡蜂随处可见。

## 世界上最大的蟑螂是哪种？

世界上最大的蟑螂是东方蜚蠊。它们可以长得比你的手掌还大。

## 蟑螂怕冷吗？

蟑螂非常怕冷，当温度下降到 0℃ 以下的时候，它们的生命就会受到严重威胁。

## 蟑螂能在水下存活吗？

生存能力强的蟑螂，能在水下存活近 30 分钟。

## 蟑螂的生存能力有多强？

蟑螂的头被砍掉后依然还可以存活数天。因为蟑螂依靠身体上的气门呼吸，即使没有了脑袋，它们依然可以呼吸。

## 蟑螂的繁殖速度有多快？

一只雌蟑螂一年可繁殖近万只后代，最多甚至可繁殖 10 万只。

## 按蚊有多危险？

按蚊会传播疟疾，每年因按蚊叮咬而死的人数超过 10 万。

### 你知道吗？

传说在蒙古国极为干燥的沙漠地带生活着一种巨型蠕虫——蒙古死亡蠕虫，它们有剧毒还能释放电流，十分危险。

## 蜗牛的黏液有什么用？

蜗牛在爬行时，会在地上留下一行黏液，这是其体内分泌出的一种液体，具有一定保护作用，使得它们即使走在刀刃上也不会被划伤。

## 世界上有很危险的海螺吗？

鸡心螺是一种美丽的螺类，却含有剧毒，从它们的毒牙里射出的毒液，会使人丧命。

## 最大的蜗牛有多大？

目前最大的蜗牛标本纪录，是一只非洲大蜗牛创造的。它重达900克，完全伸展时，身体可长达39厘米。

## 蝎子什么情况下可以发光？

蝎子在紫外线的照射下会发出蓝绿色的光。

### 蝎子的哪部分有毒？

蝎子的毒刺位于尾巴的末端。蝎子种类和毒液量的不同，造成的伤害程度也不同，若不小心被蝎子的毒刺蜇伤后一定要及时就医处理。

### 你知道吗？

一只蝎子能承受的辐射量是人的200倍。

## 蚊子都吸血吗？

只有雌性蚊子才吸人血。它们这样做是为了得到繁育后代所需的营养物质。

### 为什么被蚊子叮咬后会感觉痒？

当蚊子叮咬你后，它们唾液中的酶会使你被叮咬处的皮肤发痒。

### 你知道吗？

刚刚吃过香蕉的人更容易招蚊子。因为香蕉会增加皮肤的乳酸分泌量，蚊子会被乳酸所吸引。

## 被蚊子叮咬会有生命危险吗？

会有，因为有些蚊子会携带能致命的病菌，传播比如疟疾、脑炎等疾病。这些疾病因为没有特效药品，所以病死率相当高。

## 蚊子的寿命有多长？

雌蚊的寿命要远远大于雄蚊，雄蚊在自然条件下一般只能生存7~10天，而雌蚊可以生存1~2个月。

### 你知道吗？

冰岛是一个没有蚊子的国家。

## 蚯蚓被切成两半还能活吗？

蚯蚓被切成两半后，还可以长成两条完整的蚯蚓继续存活。不过，蚯蚓并不是随便切一刀就能继续存活，其再生是有概率的——蚯蚓剩下的体节越长，长出头尾继续存活的概率就越大。

### 你知道吗？

在晴朗干燥的天气下，蚯蚓会躲藏进土壤的表层中，因为一旦其皮肤表面的黏液在干燥的空气中蒸发掉，蚯蚓就会窒息而死。

### 下雨后，为什么会经常在地面上看见蚯蚓？

蚯蚓靠皮肤呼吸，因此既怕晒又怕水。大雨过后，雨水浸入土壤中，使得土壤中氧气含量降低，蚯蚓无法正常呼吸，就会爬出地面。

## 如何找到蚯蚓？

你在阴闷潮湿的天气去挖蚯蚓，比较容易挖到。蚯蚓在土壤里待久了，就会爬到地面上来透气，池塘边、菜园、水缸下等潮湿的土壤里都可能藏着许多蚯蚓。

## 蚯蚓能感知到明暗变化吗？

蚯蚓虽然没有眼睛，但是身体上有很多的感光细胞，可以感知到明暗。

## 你知道吗？

蚯蚓在土壤中不断地钻洞，可以使土壤变得疏松，利于植物根的呼吸与生长。

## 蟋蟀是如何播报温度的?

有研究称，先数一数一只蟋蟀在 14 秒内会鸣叫多少声，之后用这个数值加上 40，就是此时室外的大约温度（这里说的是华氏度哦）。

### 你知道吗?

蝗虫食性范围广，它们可取食小麦、水稻、玉米、果树等，集群飞过时可将作物啃食成光杆，造成严重的经济损失。

## 蝗虫集群的规模能有多大?

蝗虫总是成群结队地飞来飞去，据吉尼斯世界纪录显示，在 1875 年的夏天，一群落基山岩蝗群飞过美国的密苏里州、内布拉斯加州等地，当时的落基山岩蝗群的面积达到了 51 万平方千米。

## 每只蜜蜂每天能采集多少花蜜？

蜜蜂每天都要飞出去 15 次左右去采集花蜜，1 只蜜蜂 1 天的花蜜采集量约为 40~60 毫克。

### 你知道吗?

非洲蜂性格暴躁，攻击性极强，追击的距离可达好几千米。

## 海黄蜂是蜜蜂吗？

海黄蜂虽然名字中带了"蜂"字，但是它们并不是蜜蜂，而是一种水母。海黄蜂又称澳大利亚箱形水母，被它们刺伤后，不仅会很痛苦，还会有生命危险。

## 食蚜蝇有攻击性吗？

食蚜蝇的腹部也长有胡蜂那样黑色和黄色相间的条纹，只不过它们尾部没有能蜇人的毒针，与胡蜂同款的"条纹套装"也只是虚张声势罢了。

### 你知道吗？

当田鳖咬到猎物后，它们会快速向猎物体内注射一种可以溶解掉身体组织的液体，然后吸食猎物液化后的组织。

## 世界上有多少种瓢虫？

世界上有 5000 多种瓢虫，它们外表颜色鲜艳，就像一个被切开的球。

# 萤火虫为什么会发光?

萤火虫会发光是因为腹部末端长有"发光器",里面含有荧光素和荧光酶。在氧气的作用下,它们会发出冷光,而且氧气越多,发出的光越强。

## 萤火虫的寿命有多长?

萤火虫是甲虫的一种,它们的寿命只有3~7天,少数会有20天的寿命。

## 你知道吗?

蜻蜓有两对翅膀,这两对翅膀可以独立扇动。当它们前面那对翅膀上扬的时候,后面那对翅膀可以下降!

## 食鸟蛛能有多大？

亚马逊巨人食鸟蛛可以长到一个餐盘那么大，真是非常巨大。其体长可达 30 厘米（包括足部长度），体重最高可达 200 多克。

### 你知道吗？

大蚊飞行速度慢，常见于水边或植物丛中，不叮咬人或牲畜。

## 蜘蛛都是有害的吗？

蜘蛛中既有对人类有益的，也有对人类有害的。总体来说，有益的蜘蛛更多些，例如田间的蜘蛛每年能杀死许多害虫，从而保证了农作物的收成。

## 苍蝇为什么可以"倒挂"？

苍蝇脚上的爪垫可以分泌一种黏液，使其不但能在光滑的玻璃上稳稳地行走，还能倒挂在上面。

## 苍蝇真的是用脚来品尝味道的吗？

没错，苍蝇的味觉器官长在脚上。苍蝇的脚上长有细毛，毛内有感受器，可以品尝到它们所立之处的味道。

### 你知道吗？

苍蝇虽然携带了很多病毒与细菌，但是因为其体内有抗菌活性蛋白，所以它们并不会因身上的这些病毒和细菌而生病。

## 白蚁会爆炸吗？

有一种白蚁，为了保卫自己的领土，有时会以自我爆炸的方式吓跑袭击者。

## 白蚁对人类有什么危害？

白蚁会蛀食多种农作物、林木、堤坝和房屋，造成巨大的经济损失。

## 白蚁是蚂蚁吗？

白蚁不是蚂蚁。白蚁有着上亿年的生存历史，是一种古老而原始的昆虫。白蚁和蚂蚁的形态、食性等方面也都相差甚远。

## 跳蚤能跳多远、多高？

跳蚤向前跳跃的距离可达 30 厘米，向上跳跃的高度可达 20 厘米——相当于自身高度的 100 倍，是动物界的"跳高冠军"。

## 蜘蛛丝有多结实？

蜘蛛丝虽然比人的头发还细，但弹性很强，而且比一般手指粗细的钢丝能承受的拉力还要大。

## 你知道吗？

雄性蝉的腹部有发声器，可以连续不断地发出尖锐的叫声，而雌性蝉则是不会发声的。

## 有吃衣服的虫子吗?

有一种虫子叫衣蛾,顾名思义,衣蛾会吃衣服,但它们不只吃衣服,所有含有羊毛、蚕丝、羽毛、棉花等成分的织物,都可以成为它们的食物。

### 你知道吗?

蜈蚣的生命力特别顽强,除了南北极,世界各地几乎都有它们的身影。

## 蝴蝶翅膀上的鳞片有什么作用?

蝴蝶翅膀上的鳞片不仅使蝴蝶的体色艳丽无比,同时还是一件天然"雨衣",使其在下雨天也能飞行。

动物趣闻

## 极北蝰为什么总是反复把舌头伸进伸出？

极北蝰是在用舌头捕捉空气中的气味，它们还能准确分辨出气味来自哪个方向。

### 眼镜王蛇有多厉害？

眼镜王蛇在咬到猎物时，致命的毒液会自动注入猎物的伤口处。它们的毒性很强，一口毒液能毒倒一头大象。

### 你知道吗？

牛一次只能消化掉部分它们吃的草，所以当它们把草吞进肚子之后，会再把草吐回嘴里咀嚼，然后重新咽下去。

## 雌性螳螂会吃掉自己的丈夫吗?

当雌性螳螂处于饥饿状态时，为了保证自己孕育后代时有充足的营养，常会把雄性螳螂吃掉。

## 海星的再生能力有多强?

海星的再生能力特别强，只要有一截残肢就足以长成一只完整的新海星。有些种类的海星即便被切成几块抛入海中，每一个碎块也都会长成一只完整的新海星。

### 你知道吗?

在秘鲁利马市的一些摊位上会出售青蛙汁，当地人认为这种饮品能预防疾病，缓解疲劳。

## 袋鼠粪便可以用来做什么？

在澳大利亚，袋鼠粪便被用来制造环保纸张。

## 啄木鸟的舌头有多长？

啄木鸟的舌头有十几厘米长，甚至可以伸得跟它们的身体一样长！

### 你知道吗？

有一种软体动物，外形看上去就像是去了壳的蜗牛，其实这种动物叫蛞蝓（kuò yú），由于身体表面有许多黏液，因此又被称为"鼻涕虫"。

## 缩头鱼虱如何觅食？

缩头鱼虱是一种寄生虫，它们寄生在鱼的舌头上，吸食其血液。之后，它们会逐渐替代这条受害的鱼的舌头，由寄生转为与其共生。

## 鲽鱼是如何伪装自己的？

鲽鱼能根据环境的颜色来改变身体的颜色，将自己很好地隐藏起来。

你知道吗？

美丽的珊瑚不是植物，而是一种动物。

## 龟类都很长寿吗？

龟是一种古老的爬行动物，也是最长寿的动物之一，有的种类甚至可以活到 300 多岁。不过，不同种类的龟寿命长短不一，有的龟能活 100 年以上，而有的龟只能活 15 年左右。

### 你知道吗？

东方蝾螈可入药，有着止痒镇痛，清热解毒，治疗烧烫伤的功效。

## 蚂蟥的吸血能力有多强？

蚂蟥一次可吸入比自己身体重 10 倍的血液，且当它们吸血时，人类或其他动物往往不会感觉到疼痛，很难察觉到自己被吸了血。

## 世界上最臭的动物是什么？

臭鼬是世界上最臭的动物之一。它们能分泌一种臭气熏天的液体，常常会在遇见危险时将这种臭液喷向敌人。

## 世界上有透明的生物吗？

有，日本科学家就培育出了一种用来实验的完全透明的青蛙，这样他们在不杀死和解剖青蛙的前提下，也可以研究它们的内部器官了。

**你知道吗？**

蟾蜍和青蛙的模样很像，但它们是两种不同的两栖动物。

## 金丝猴都长有金灿灿的长毛吗？

不是所有的金丝猴都长有金灿灿的长毛，金丝猴的得名是因为最早发现的该种类猴——川金丝猴长有一身"金丝"长毛。后来虽然人们又在云南、西藏发现了同种类但毛发却是黑色或灰色的猴子，但因为习惯了之前的叫法，就继续称之为金丝猴了。

### 有会飞行的哺乳动物吗？

蝙蝠是唯一进化出真正飞行能力的哺乳动物。

### 你知道吗？

牛的唾液分泌能力非常旺盛，尤其是在其进食和反刍时。

## 鱼类只能在水里生存吗?

大部分鱼类离开水一段时间,就会因缺氧窒息而死。但有一种叫作弹涂鱼的鱼类,却可以在陆地上活动,只要身体足够湿润,它们便能较长时间露出水面生活。

## 世界上最大的水母有多大?

世界上最大的水母是北极霞水母,它们的表面绚丽如彩霞,身体直径可达 5 米,触手长近 40 米。

### 你知道吗?

水螅具有再生能力,如果身体被切成数段,每段都还能再生为一个新的个体。

## 你知道吗?

在南非，白蚁被烤着吃，是和爆米花一样的常见零食。

## 壁虎睡觉时会闭上眼睛吗?

壁虎的眼睛始终是睁着的，就连睡觉也不例外。因为壁虎没有上眼睑，所以永远也闭不上眼睛。

## 小丑鱼为什么能成为海葵的"好朋友"?

小丑鱼的皮肤能分泌出一种特殊的黏液，这使其对海葵带刺的触手有一定的防御力。小丑鱼利用海葵作为躲避敌人的屏障，同时还能把海葵消化不完的食物残渣吃掉。而对于海葵来说，小丑鱼使它们的身体干净又舒服，它们也十分欢迎小丑鱼的到来。

## 谁是动物界的"义务植树员"？

松鼠的记性不太好，所贮藏的粮食经常时间一长就忘记了位置，而那些被遗忘在地下作为越冬粮的种子，便会生根发芽，长成小树苗，因此人们称松鼠为"义务植树员"。

### 你知道吗？

海参在遇到危险无法脱身时，会将自己的内脏排出体外，来转移敌人的注意力。之后经过一段时间的修复，它们的体内又会重新长出内脏。

### 松鼠有攻击性吗？

虽然松鼠看起来小巧可爱，但也是具有攻击性的。它们的牙齿尖利，如果感觉到了危险，会攻击敌人，给敌人造成很严重的咬伤。

## 为什么有的国家的人会把牛粪撒在墙上？

在气候炎热的国家，人们有时会在墙壁上铺上一层牛粪，是为了驱赶蚊子。

## 一头蓝鲸有多重？

一头蓝鲸可重达 130 吨，也就是说，20 多头大象才有一头蓝鲸那么重。

## 大鲵为什么又叫"娃娃鱼"？

大鲵是中国一种珍稀的两栖动物，它发出的声音很像婴儿的哭声，因此又被人们称作"娃娃鱼"。

### 你知道吗？

深海鱼长期生活在巨大的水压之下，它们已经适应了这样的环境。如果将深海鱼放到浅水中，由于此时身体内部的压力大于外部的压力，它们会很不舒服。如果将深海鱼拿出水面，它们有很大可能会因身体膨胀爆裂而死。

### 什么动物的舌头是蓝色的？

松狮犬、长颈鹿和蓝舌蜥的舌头是蓝色的。

# 鲸鱼会爆炸吗？

科学家研究发现，如果鲸鱼死前吃了很多东西，这些东西在胃里腐化，会产生大量包含甲烷、硫化氢以及氨等成分的废气。在鲸鱼死后，其内部组织与器官腐败的速度加快，身体的蛋白质分解，产生更多气体，大大增加了腹部与肠道的压力。若处置不当，极有可能发生爆炸。

## 你知道吗？

鱼没有眼睑，所以睡觉时总是睁着眼睛。

## 鲍鱼是鱼吗？

鲍鱼虽然叫"鱼"，但并不是鱼类，而是贝类。由于外壳有些像人类的耳朵，所以又被称之为"海耳"。

## 什么动物的血液是蓝色的？

多生活在近海水域的鲎（hòu）的血液就是蓝色的。这是因为鲎的血液中含有铜，当铜与空气中的氧结合后，就形成了血蓝蛋白，所以鲎的血液就呈现出蓝色。

### 你知道吗？

蚂蚁虽然是动物界中的"小不点"，但是总数却极为庞大。全世界已知的蚂蚁有 1 万多种，它们的总重量比 60 亿人的重量还要重。

## 海胆都可以食用吗？

海胆有很高的营养价值与药用价值，但并不是所有的海胆都可以吃。海胆中有不少种类是有毒的，那些有毒的海胆往往看上去更加漂亮，例如生长在南海珊瑚礁的环刺海胆。

## 鹦鹉螺和鹦鹉有什么关系吗?

两者其实没有什么联系,只是鹦鹉螺的外壳表面长有红色火焰状的斑纹,就好似鹦鹉的头部一般,所以得名鹦鹉螺。

### 你知道吗?

鳄鱼的消化液中含有大量的高浓度盐酸,这些盐酸连铁、铝等金属都能溶解掉。

## 鱿鱼是鱼吗?

人们虽然习惯上称鱿鱼为"鱼",但它们其实不是鱼,而是一类生活在海洋中的软体动物。它们的外形很像乌贼,但整体更偏长一些,所以也称"枪乌贼"。

## 海百合是百合花的一种吗？

海百合的形态与盛开的百合花极其相似，但是海百合不是百合，也不是植物，而是生活在大海里的一种古老的棘皮动物。

### 你知道吗？

袋鼠天生视力很差，对灯光又很好奇，因此总有不少袋鼠死于交通事故。

## 如何分辨雄狮和雌狮？

雄狮和雌狮的长相差异很大，雌狮没有鬃毛，而雄狮拥有能从头部一直延伸到肩部的长长的鬃毛。

## 动物也需要看牙医吗?

　　动物也需要因为牙齿的疾病而就医,否则任由牙齿腐烂下去,会严重影响其胃口和身体健康。曾经饲养于美国一所动物园内的北极熊,就不得不被兽医从口中取出一颗坏掉的牙齿。因为这颗牙齿导致了北极熊的口臭,也严重影响了它的胃口。

### 你知道吗?

　　蝎子的嘴里一颗牙齿也没有,它们进食时都会先从口中分泌消化液,将食物化成浆液后再吞到肚子里。

### 旗鱼的背鳍有什么用?

　　旗鱼的背鳍长得像一面大旗,当它们在水中游泳时,背鳍可以使水流从两侧分开,减少海水的阻力。

## 燕窝是什么?

燕窝是指金丝燕分泌的唾液及其绒羽混合黏结所筑成的巢。燕窝大多含有丰富的糖类、蛋白质、氨基酸等成分。

## 大象的鼻子有什么功能?

大象的鼻子有很多功能,大象能用鼻子卷起食物送进嘴里,还能用鼻子吸水后喷到后背上清洁身体,甚至还能将其作为攻击敌人的武器。

### 你知道吗?

刺猬又被称为"植物小卫士",因为每天晚上刺猬出来觅食时都能消灭不少昆虫,其中绝大多数是害虫,因此人们称它们为"植物小卫士"。

## 牙签鱼有多可怕？

牙签鱼（一种形似鳗鱼的鱼）生活在亚马孙河中，它们比食人鱼还要可怕。牙签鱼在水中凭借气味寻找猎物，然后会进入宿主的体内，以吸食宿主的血液为食生存。

### 你知道吗？

雪鸮是猫头鹰的一种，它们全身雪白，生活在北极地区。

## 狼鱼是狼还是鱼？

狼鱼不是狼，而是一种长有可怕牙齿的海鱼。

## 刺鲀鱼如何保护自己？

刺鲀鱼在遇险时，会大口吞咽海水和空气，使自己的身体膨胀起来，它们身上的刺也会随之竖立起来，这样敌人就无法对它们展开攻击了。

### 你知道吗？

鳄鱼的外形十分可怕，但大多数鳄鱼都不会主动攻击人类，只有少数凶猛的鳄鱼会主动攻击人类，比如湾鳄和尼罗鳄。

## 鲶鱼的触须有什么用？

鲶鱼长着长长的触须，触须可以帮助其探测路径，也可以感觉食物的味道。

## 蚌是如何孕育珍珠的？

当沙砾等异物进入蚌的身体里时，蚌会感觉非常不舒服。它们会迅速分泌出珍珠质，将异物一层层地包裹起来，最后就形成了圆润晶莹的珍珠。

### 你知道吗？

箭毒蛙的表皮颜色鲜艳，多长有斑纹，这种蛙类的皮肤上含有剧毒，足以致命。

## 蝙蝠可以站立吗？

蝙蝠落在地面上时，只能伏在地上，身体和翼膜都贴着地面，无法站立，只能爬行。

## 蜣 (qiāng) 螂一直被人类所厌恶吗?

蜣螂俗称屎壳郎,因其总是爱推粪球,并将粪球作为食物而遭到人们的嫌弃。但是古埃及人却认为蜣螂是一种神圣的动物,它们有着坚持、无畏、勇敢和勤劳的精神,为世界带来了光明和希望。

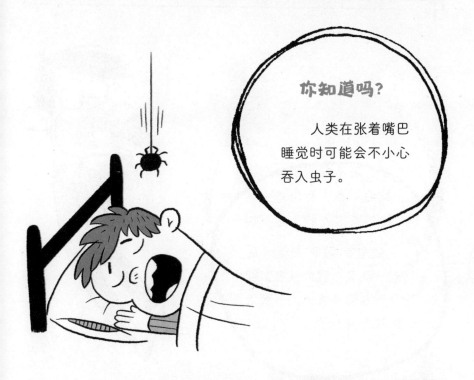

### 你知道吗?

人类在张着嘴巴睡觉时可能会不小心吞入虫子。

## 蜘蛛吃起来是什么味道?

在柬埔寨,油炸蜘蛛是一道常见的美食。据说这道美食吃起来和炸鸡的味道很像。

## 海豚有多聪明?

海豚大脑的神经元数量是人脑的 1.5~2 倍。曾有专家对部分动物的智力进行了测试和研究,发现人的智力最高,其次就是海豚。海豚能根据回声来判断目标的远近、方向,甚至是形状。如果经过训练学习,它们还能掌握更多技能。

### 你知道吗?

金鱼起源于中国,后经过一代又一代的改良,就有了现在形态各异、五颜六色的许多种类了。

## 长颈鹿的舌头有多长?

长颈鹿的舌头很长,它们甚至可以将舌头伸到自己的耳朵里面。